適合各體質的33組

徒手運動

FREEHAND EXERCISE

只要11分鐘，
成功瘦身39公斤

U0070083

安振必＿著　魏汝安＿譯

從109KG →70KG，運動改變人生的真實故事！

　　大部分人總是很忙碌，每天忙碌工作還要利用一些零碎的時間運動，這實在很難辦得到。但是仔細想想，萬一現在不運動，之後身體健康出狀況怎麼辦？那個時候才開始後悔，說著「如果我以前努力維持身體健康、努力運動的話就好了」這些話，就已經來不及了⋯⋯

　　每個人不想運動的理由有成千上萬種，所以我們要賦予「一定要運動」的強烈動機，才會激發你想自動自發運動的心。大部分人總是認為，運動一定得去有健身教練所在的健身房才行，而且還得找鄰近公司或住家的地方，但找到適合的場所後卻發現，價格太貴沒辦法負擔，而且裡面的運動設備看起來好老舊⋯⋯這些種種原因加起來，就又將想運動的熱情澆熄了。

　　底下來跟大家說我自己的故事。我是有氧體操國家代表隊出身，是個對運動樂在其中的人，從小我的運動神經就相當發達，甚至有許多人問我「到底你不會的運動是什麼啊」這類的話，因為像舉重、游泳、滑雪、潛水、溜冰、跆拳道、柔道、健身、衝浪⋯⋯等各式各樣的運動我都非常拿手。

　　上大學後我進入生活體育科學大學就讀，對健身相關的領域非常感興趣，因此成績也不錯，那個時候我開始做健身教練的工作，讓學業和健身工作並行。

那時我的身體很健康，從事喜歡的科目和工作，和朋友們之間也都相處很融洽。但是後來我去當兵，軍隊生活讓我以前的腰傷變得更加嚴重了，後來我一直都受腰椎間盤突出之苦。我常到醫院去做治療，但是腰痛的狀況還是無法改善，只要稍做運動腰就會痛，晚上睡覺也很難受，從那時候開始，運動這件事就離我越來越遠，我開始用酒精來消除壓力。

　　大三的時候，我當上學生會長，有許多喝酒的聚會，那時我的身體狀況變得很糟糕，體重竟不知不覺已來到了109公斤。

變胖後讓我完全喪失自信心

　　胖並不是罪，但是有許多人變胖的同時遺失了自信，以前的我性格爽朗，總是帶給周遭的人歡樂。但變胖後我開始害怕與人群接觸，而且我討厭人多的地方，更加討厭我只要走一下下就汗流浹背的汗臭味。

　　後來我終於下定決心，一定要改變自己並且重拾健康，於是睽違兩年後我又重新開始運動。在腰傷日漸康復的情形下，我緩緩地增加運動量，並且全心投入運動，幸運的是我本來就有運動經驗及這領域相關的知識，所以下定決心運動後，我終於又重拾健康的身體。

以前變胖的時候是非常沒有自信心的，假如我走在路上聽到有人在笑，我都會覺得他們是不是在嘲笑我，被那種自卑感圍繞的恐怖經歷，讓我深切發現運動對我們的身體健康有多麼重要的影響。現在的我，透過運動再度找回了自信，我能夠掌控自己的人生。

那已經是數年前的事了，那時深切感受到自卑的心情，我不想再回到那個時候，因此持續地運動。胖子不是罪，也不是擁有肌肉的身材就比別人好，但是當你擁有自信才會讓你的人生更加耀眼。因此我真心奉勸大家要運動，運動除了能帶給你身體上的美好變化，還能讓你擁有自信感，讓你的個性更開朗。

請再想想看，為什麼你明明知道運動可帶來多麼大的好處，你卻總是找理由來推拖呢？那就是因為你沒有迫切感，你覺得就算不立即運動，你的身體也不會有多大的危害。那聽完我的故事，你應該更清楚運動會為你帶來多大的正面影響了？不要再拿沒時間、沒錢來當藉口了，因為我透過了自主的徒手運動，一天只要11分鐘、1坪大的空間、不需任何運動器材，就能打造出好身材。

這本書就是你的專屬健身教練

我運用自己豐富的健身經驗、運動知識，開發了「行動個人訓練程

式（Mobile Personal Training），以下稱行動PT）」，這是利用智慧型手機來進行個別諮詢，為客戶量身規劃瘦身課表、飲食菜單的程式，還會附上運動影片教你做運動。

這本書就是從我的行動個人訓練（Mobile Personal Training）衍生出來的，我在書裡公開了訓練系統裡最常見到的6種代表體型，只要你依表格診斷出自己的體型是哪種，再按照對應的運動課表去訓練即可，可以說是第一本為你量身打造健身課表的瘦身書！

相信很多人和過去的我一樣，因為肥胖的身材沒有自信、不敢到健身房運動、總是把沒錢沒時間當不想運動的藉口……現在有了這本書，我希望可以幫助對自己身材沒自信，卻又想要改變的人，希望藉由這本書，幫助更多的人找到屬於自己的運動方法，以及改變你的人生。

從今天就下定決心運動吧！運動將為你帶來美好的正向改變！

Before **109kg** → After **70kg**

共減 **39kg**

—— 本書作者 安振必

PART 040
3
你專屬的24小時健身教練，
量身打造適合的瘦身方式

PART 1

久坐不動會讓身體
出代誌，不要再
對不起自己的身體了！

久坐不動的話，
身體健康遲早出代誌！

　　你現在也是坐著在看這本書吧？沒錯！現代人經常久坐不動，久坐不動的話，會讓身體器官的壽命悄悄減短，然而我們卻根本感受不到，甚至置之不理。我是個健身教練，所以特別研究了長時間坐著的話，對下半身肥胖和下腹部脂肪的影響，也找尋許多關於久坐不動對健康影響的相關論文。事實上久坐真的會對身體有非常大的副作用，如果你不覺醒而改變的話，對健康是非常危害的一件事！

你也陷入每天久坐不動的生活中嗎？

　　現今世界追求自動化的便利性，坐著打電腦、坐著看電視……人們坐著過日子的時間，一天平均逼近8小時，而這只是個平均值，嚴重一點甚至還有人每天坐21小時以上呢！

　　大部分人平均每天有8小時以上都是坐著的，在公司平均上班時間8小時，而吃午飯時間是坐著吃飯，上廁所、喝咖啡也是坐著，除了去拿影印文件，要不然別說走路，連從位置上起身的次數少之又少。

　　甚至連上、下班的時間，也要乘坐捷運或是公車，一發現有空位馬

上就坐下，回到家也是坐著吃飯、坐著看電視或用電腦。當然很多人會問：「都坐著又怎麼樣了？」、「每天忙得不可開交，累的時候坐下稍微恢復體力有什麼不好嗎？」

要是你總是那樣想的話，現在開始就請你洗耳恭聽了。上述對我們來說再自然不過的「坐式生活」，有無數的研究報告指出，會對我們人體究竟造成多少傷害。

引發肥胖及糖尿病等疾病

一天只要坐超過6小時以上，身體的危險指數就會上升，體內代謝活動就會減少、疲憊感增加。除此之外，也有高機率引發肥胖、前列腺、糖尿病等疾病發生的危險性，因為坐式生活會引發諸多疾病，因此也誕生了「坐式疾病（Sitting Disease）」這個用語。

簡單來說，坐著的時間越長，成人病的發生率就越高，就算現在沒事，也只是尚未發病而已。總結來說，沒運動和有規則運動的人相比之下，沒運動的人發病機率會高出40倍之多。女性們討厭的下半身肥胖、

男性們上了年紀就越嚴重的腹部肥胖，全都是因「坐式生活」，導致血液循環低下而發生的症狀。

代謝低下導致胰島素抗性上升

　　美國癌症協會的流行病學家Alpa V. Patel博士的研究報告指出，一天坐6小時的人比起一天坐不到3小時的人，死亡危險率女性高出37％、男性平均高出18％，這結果是不容忽視的數值。再稍微深入點探討，倘若久坐的話，體內代謝活動會減少，而且胰島素相關的細胞活動會變遲緩，血糖中的胰島素機能就會下降，即「胰島素抗性」上升。

出現代謝症候群

　　卡路里和脂肪消耗少，會導致肥胖危險增高，假如胰島素抗性又上升的話，高血壓、高血脂症、腹部肥胖、動脈硬化等就會一併出現「代謝症候群」，或是有可能接連發生心血管疾病，而且也會對血液循環造成不好的影響。

長時間不動，腿部的血液循環就會呈靜止狀態，嚴重一點還會產生血栓，然而坐著的這段時間，是無法順利分泌使血栓擴散的物質。

腰椎疾病機率大增

久坐不動的話，產生腰椎疾病的機率也會逐漸增加，而一直維持坐姿還會壓迫到會陰部，降低血液循環、刺激前列腺，因此也很容易造成男性的前列腺疾病，所以久坐工作的男性，前列腺管組塞的可能性較高，這就是前列腺相關疾病的基本因素，嚴重一點還會導致前列腺癌！

另外，脊椎在坐著的時候，所乘載的負重比起站著的時候要多出1.5至2倍，特別是屁股坐在椅子尾端，用駝背等不良姿勢看電腦或是看書，這很容易引發腰椎間盤突出、脊椎側彎，還會導致脊椎後彎症等等。

韓國高麗大的九老醫院整形外科徐承宇教授，曾在2012年以首爾、京畿地區等500多個小學、國高中學生，作為脊椎側彎調查對象，人數約10萬7,854位（男生5萬5,546位、女生5萬2,308位），發現男學

生約5%、女學生約9%，有出現腰部10度以上的歪斜情況，需立即進行治療！沒想到現在受到「坐式疾病」殘害的人，年齡越來越往下修，這實在是我們該重視的問題！。

減肥瘦身必備法寶，聰明控管自己的體重！

想要成功減肥，那隨時注意自己的體況變化可是很重要的！市售的多功能型體脂計、體重計，可說是減肥必備的好幫手，讓你能隨時注意自己的瘦身狀況，減肥之路更有持續下去的動力。

oserio歐瑟若／無線星光智慧體脂計 FTG-315

智慧型體脂計可無線傳輸資料到到APP裡，並繪製屬於個人的體重、體脂變化趨勢圖，讓你更有效掌控自己的體況變化。

★商品介紹：https://goo.gl/NbSXS5

oserio歐瑟若／Mini數位體重計 BRG-215

市面上唯一可真正幫助你「有效控管體重」的體重計，能累計30天的體重增減記錄，讓你更有效管理體重！

★商品介紹：https://goo.gl/aV75aw

想改善久坐習慣，
現在就馬上動起來！

　　我知道沒有人想把身體弄糟，現實的狀況是你們就算想運動，也根本無法動吧？會導致大家都過著「坐式生活」，是這個社會的大環境問題。現今的社會是個「文憑社會」，大家掀起「文憑」熱，高中生、國中生，甚至連小學生放學後都要去補習班或是圖書館讀書，一天到晚都坐著，甚至把體育課時間拿來代替自習時間的情況也不少。更慘的是有些孩子，從幼稚園開始就要每天去英文補習班，在補習班養成久坐的習慣。

　　上班族就更沒話說了，前面都已經看過統計資料了不是嗎？嚴重的話一天坐20個小時以上，還有比這更嚴重的嗎？問題是從幼稚園開始學習、學習、除了學習還是學習，費盡心思從一流大學畢業後也進入大企業工作，卻因為坐式生活危害健康，過著不幸的人生，這樣真的值得嗎？花了20年讀書，現在也賺了點錢，爬到了受到別人認可的位置，卻因為身體不適讓所賺的錢都花在看病上，這樣的情況你不覺得委屈嗎？

　　就連周末或是假日，要出去遊玩也都是坐著，在電影院裡「坐著」看電影、「坐在」車裡移動、「坐在」酒吧裡喝酒。既有的公園活動，在空氣漸漸不佳的情況下已經消失，去哪散步都不是件容易的事。

這樣的情況，導致我們日常都坐著生活、坐著吃飯、坐著喝咖啡，連休息、工作的時候都是坐著的，這就是現今的社會型態。

你想要花時間看病還是花時間運動？

雖然在忙碌的生活中我們已養成了長時間坐著的習慣，但請你試問自己「你想要花時間看病，還是花時間運動呢？」假如有時間和錢去看病，那倒不如來運動吧！不僅是「坐式生活」，其他各式各樣要來危害我們健康的兇手，都可以透過「運動」來擊退它們。理由很簡單，不管是誰都知道，人體是在直立行走下建構起來的，我們的祖先用兩隻腳走路、用兩隻手來狩獵和打獵，甚至每個季節不斷地移動，他們一天平均要走20公里以上，那樣適當地步行所打造而來的，就是人類健康的身體。

但是現在的我們怎麼樣呢？一天都走不到20分鐘的人處處皆是。身體為了配合我們久坐的情況，讓體態漸漸變形，例如骨盆歪掉、腰部疼痛、具維持平衡的中樞機能核心肌群退化，諸多問題都是久坐不動造成的。

　　烏龜脖、五十肩、駝背等症狀，這一切都是因為該部位的肌肉不動，並以不良的姿勢坐著或躺著，所出現的症狀。成人病也是如此，早期是為了延續生命而吃飯，但現在大家吃東西都只是為了「享受」而吃，攝取了比人體運轉所需的熱量，高出好幾倍的食物。

　　身體會把過剩的熱量儲存成脂肪，脂肪會附著在我們人體供給氧氣和能量的血管壁上，並且造成堵塞，或使賀爾蒙體系造成異常，進而產生成人病。這全部現象的兇手就是「身體不動」所導致的，所以只要運動就可以防止許多疾病和症狀！

你還是以沒時間運動來當藉口嗎？

　　事實上就算我不一字一句說明，大部分的人都還是了解一定要運動的事實。所以一到新年，就有許多人設立「健康」和「減肥」或「好身材」等目標。不過能持續朝這目標前進的人究竟有多少呢？大部分人每年建立計畫後，隔了幾天又回到原本的生活，到了新年又再建立新的計畫，一直重覆這樣的行為。

「我真的想運動，但是實在沒有時間啊！」誰都曾經說過這樣的話，或是在腦中思考過。其實只要在家裡放置一些基本器材，或是光靠徒手運動，就能打造出好身材，即使這樣你1天也挪不出1小時來運動嗎？

大部分人都是以「時間」、「費用」、「地點」當無法運動的藉口，其實只要在1坪大的房間裡、1天花11分鐘，光做徒手運動就能打造出好身材了！

每天花11分鐘就能打造好身材

不管是誰都想擁有「好身材」，有了好身材後，女生們就能在夏天穿著比基尼去海邊或是游泳池，男生們則可以在夏天穿著無袖背心出門。為了讓大家都能克服運動中的「時間」、「費用」、「地點」等問題，我打造了「行動個人訓練系統」，只要每天挪出11分鐘，就算在1坪大的空間裡也能運動，而且因為是徒手運動，就不需要去健身中心，這樣你就無法把高昂學費拿來當藉口。

　　現在每個人都有智慧型手機吧？透過手機，進入「行動個人訓練系統」，就能為你量身打造適合自己的運動課表，各種運動也搭配了影片，照著做根本不用怕學不會，這就是個人訓練系統的好處，能讓你順利打造完美身材。

　　但是為了讓無法進入行動訓練系統的人，也能體會到專屬運動的美好，因此我出版了這本書，書裡是我以過去11年間的健身教練經驗所撰寫出來的，裡面我將大部分人的身體分成六種類型，只要針對屬於你的類型去做適合的運動就好，每個運動也有影片可以觀看，等於是為你客製化打造專屬的瘦身課表！只要翻開這本書、照著做運動，就能讓你離好身材之路不遠了！

　　看完這本書之後，只要每天挪11分鐘來訓練，S曲線、六塊肌、人魚線……就不是遙不可及，打造好身材的方法都在書裡面了，你只要閱讀後照做就行了，結果肯定會讓你很滿意！

每個人都需要專屬教練，
量身打造運動課表！

　　運動時若有專屬的健身教練（即教練的貼身指導）幫忙，一定會讓你運動效果加倍。運動教練專家的個人指導，當然是最具效果，但是健身房裡的私人教練課程，費用都很高昂，因此很多人選擇獨自運動，不僅效果不佳還常常造成運動傷害，這是非常可惜的事情。

　　但更可惜的是現代人的健身知識，往往不是從運動教練專家那邊取得，而是透過以下這三大管道來學習錯誤的運動方法。

網路

　　網路的確是個能免費盡情獲得資訊的寶庫，但是將這些資訊來者不拒、全盤接收的話，很容易接受到錯誤的資訊。網路匿名的背後，你不知道回答你的是不是真正的專家？若是用網路發問健身問題，甚至有可能是小學生來回答你這些問題呢！

朋友

　　仔細想想，有可能比網路有更多問題。假如朋友真的是健身專家，

那你所受到的運動訓練絕對是會有效果的，假如不是，錯誤的運動只會傷身，甚至連人際關係都有可能出問題。

瘦身書

關於這點大家真的要仔細了解一下，現在書店裡的健康瘦身書籍，主要可分成以下兩種。

1.以特定期間打造完美身材的主題：這類書籍訴求短時間打造好身材，時間是很多樣化的，有可能花費數個月，也有可能花費幾周，甚至包含兩周內就能擁有好身材的書都有。不管怎樣，這種書都主張在特定期間內照做怎樣的運動，就能讓身體變好、減肥成功。這種書大部分由簡單的運動方法和運動照片組成，最後還會附上成功瘦身的案例分享。

2.以消除特定部位肥肉或是鍛鍊肌肉的主題：主張藉由特定的運動，消除大腿或鮪魚肚，讓你打造出完美胸肌、腹肌等等。這些書籍介紹與特定部位相關聯的運動方法，說只要進行該運動的時候就能打造想要的身材。

照著以上這些書籍的運動方法照做後，究竟會有怎樣的效果呢？首先我們會發現，書中成功的案例，大部分是作者親自指導運動的人，即以受到專家個別運動指導的人為對象，專家分析個人的特性和生活習慣、體力水準、體型等各種要素後，開立「適合那個人的」運動課程，因此成功案例可以說是因為受到專家親自指導才能獲得這樣的結果。

那麼沒有受到專家親自指導運動的讀者，看了書後會有什麼效果呢？因為大部分讀者並沒有正確的運動知識，因此照著書本裡的動作照做，常做了不適合自己身體狀況的運動，就很容易造成反效果，例如中途放棄或是成功瘦身後又復胖，形成體重溜溜球現象都很有可能。

這本書就是你專屬的健身教練

我的行動個人訓練程式裡，有位顧客韓○○小姐，在閱讀完有名瘦身作者的書之後，成功瘦身將近10公斤。但是在那之後不清楚維持身材的方法，很擔心會出現溜溜球現象，所以持續做了書中提到的運動長達5個月以上。但是這對已經減肥成功的她來說，身體的負擔太大，結果發生掉髮和失眠等症狀，因為這樣所得到的壓力，只好藉由吃來消除，

也因此增加了14公斤的體重。

主要是因為她用了不適合自己的方式運動，在短期內勉強地減肥，又不知適當的管理和維持方法，所以產生了掉髮、失眠、暴食症、憂鬱症等病狀。為了要維持減肥成功的幸福感，反而讓所做的一切努力付諸流水，在我看來這是最心痛的案例。

但是現在的她已經透過行動個人訓練，學習到適合自身的運動方法，找到適合自己的運動項目，並且獲得了想要的身材，也找回了健康。這個案例主要是想告訴大家，想要找到適合自己的運動方法，就必須有一個專屬個人教練，提供適合你的專屬瘦身課程。

這本書就是你專屬的健身教練！書裡會針對你的體質、運動目標，規劃適合的運動項目，讓你找出適合自己的運動方法。從現在就開始，跟著專屬教練一起打造出好身材吧！

PART 2

想要成功瘦下來，
不要再拿
沒錢沒時間當藉口

運動不該受時間與空間的限制，就算沒錢也能運動瘦身！

假如你目前有持續運動或是偶爾運動，那你是在哪裡運動？假如目前沒有運動的話，你認為要在哪裡做才好呢？實際上我對很多人問過這個問題，神奇的是，大部分的人都回答「健身中心」，又或者是像公園一樣有特定設施的場地。

但真的是這樣嗎？一定要有某個設施才能運動嗎？答案是「錯」！若是我被問到相同的問題，一定毫不猶豫地這樣說「哪裡都可以運動」。

許多人的潛意識裡，認為運動就是「要到運動的空間才可以」，因此很多人勤奮地去尋找那樣的空間，但能去運動的人究竟有多少呢？答案就如同前面的說明「幾乎沒有」。甚至花了昂貴的費用去報名健身中心，放著沒時間去的人幾乎是大多數，或許少部分人有持續實踐運動的力量，但事實上大部分人待在「特定空間」運動，成效往往是失敗的。

會去特定空間運動的人，大部分是最近意識到健康的重要，或是在最近吹起的一陣健身熱潮下，才覺得有一定要去運動的想法。

　　所以為了健康和美麗，繳交特定的費用後去運動，但是許多人總是常會需要加班、聚餐、約會或是商業應酬，最後總以疲勞、無趣等許許多多的藉口來放棄運動，到最後花了大筆的健身房報名費，只好浪費掉了。

　　有些更誇張的是，就算去到健身房也不知道怎麼使用健身器材，就這樣來來回回摸了幾遍，或是總是在跑步機上邊看電視邊慢跑的人，這些人實在多到不行。還有的人才剛運動完，就會心裡想著「剛才那樣子運動完後，肉會少一點吧？」這種問題。

　　對非孕婦或是年長者的健康成人來說，邊看電視邊慢跑並不是在運動，那樣只是「在走路而已」。雖然是好過其他不走不動的人，但如果是要走路，應該不太需要花大錢來使用健身房的器具吧？對這樣的人來說，我會奉勸他們不用花大錢上健身房，這與在家徒手運動的效果是一樣的吧？

不用花錢的徒手訓練效果更佳

假如你的興趣真的是運動，再激烈的運動或是舉重等重訓，都能樂在其中吧？但假如你健身的目標，不是去參加健美比賽，那根本就不需要做到上述那樣激烈的健身。若只是單純的體重管理、減肥，想打造健康的身體、打造變好看的身材，並不需要那些專門健身器材輔助，只要利用自己的身體徒手訓練就綽綽有餘了，徒手訓練對一般人而言，是最有效果且健康的健身方法。

以前我常常參加健身比賽，但卻發現為了準備比賽項目，讓身體離健康越來越遠。我為了準備健身比賽，身體過度訓練導致關節、韌帶、肌腱受傷，在做強度更高的運動時，對身體的損害更是不斷地累積，反覆執行重量訓練時，也讓這些傷害更加嚴重了。

我甚至藉由暴飲暴食來消除種種壓力，使血壓和血糖指數一併上升，產生了諸多副作用。不只這樣，想要維持肌肉量，一定要攝取許多蛋白質，但是蛋白質在消化的過程中會產生氨，會對肝和腎臟造成負擔。

在準備健身比賽的過程中，才發現那些運動大部分都會對身體造成負擔。不過在做這些和重量訓練有關的運動時，利用槓鈴、啞鈴或其他器材來輔助的前提下，都是必須有發達的肌肉為基礎來進行，所以我們也不能說這些重量訓練的運動是錯誤的。

如果你的目標不是要朝健美先生、健美小姐看齊，那進行徒手運動（Bodyweight Training）就行了，徒手訓練和一般重量訓量不太一樣，反而能更加運動到全身，因為要配合所有身體的重心。正因如此，在做徒手運動的時候，自己也能夠調整運動的強度和難易度，而且藉由這些身體動作，反而會了解自己身體的原理，這樣運動的效率才會高。

這本書為你量身打造徒手運動課表

我開發行動個人訓練系統後，許多人的反應是「徒手運動究竟會有多少效果呢？」這邊我想再重覆一次，若是為了打造健美比賽專用的身體，那光做徒手運動是不夠的，但若你的運動目標是減肥，透過適當的肌肉打造出好看的身材、想讓身體變得更健康的話，那光靠徒手運動就非常足夠了。

美國威斯康辛大學研究團隊，讓16位的實驗參加者，在沒有運動器材下做20分鐘的徒手運動。結果發現每分鐘平均消耗15～20 kcal，運動20分鐘可消耗350 kcal以上！為了有助於各位讀者理解，上述的例子相當於體重68公斤的男性，跑步機速度設定12，連續跑30分鐘不休息，相當於跑到6公里距離時，所消耗的卡路里。

　　當然徒手運動也有分種類，使用身體的肌群做肌力為主的徒手運動，卡路里消耗量會更大，讓運動更有效果。所以國內外的運動專家，都認為就算只做徒手運動，也能打造健康的身體，訓練出更好看的體態，因此「沒錢無法運動」這句話，只是大多數人不想運動的藉口。

　　當然我一再強調，每個人都必須找出適合自己的運動方法、運動量，運動才會有效果。所以下個單元我會提出幾個問題，藉由問問題的方式，讓你能評估出自己屬於哪種身體類型，藉此來幫你量身打造適合的運動項目及強度。

　　那些總說沒時間運動的人，你公司每天加班到很晚嗎？能不能抽空到洗手間或是走廊、樓梯做運動呢？不然下班睡覺前，在房間裡也能稍

微運動吧？

　我開發的行動個人訓練系統，在加入正式會員、付款完成後，會提供專屬你自己的運動方法和運動量、影片，等於是持續幫你管理身材的「24小時個人健身教練」，讓健身不會被時間、空間、金錢所限制。這本書就是從行動個人訓練系統衍生出來的，希望能讓更多人找到最適合自己的瘦身方法，打造專屬自己的運動課表，這樣運動起來才能看得到效果！

行動個人訓練系統相關資訊

●網站：healthyfriends.co.kr
●FB：www.facebook.com/hfkorea
●KAKAOTALK：@건강한친구들강한친구들
●KAKAOTALK STORY：story.kakao.com/ch/healthyfriends
●YOUTUBE：me2.do/GM7uep7O

每個人的運動方式及飲食，都會不一樣！

　　我從事健身教練工作已經11年了，這之中遇到過無數多的人，舉凡因熱情接觸到運動而達成自身目標的人、中途放棄過的人、因為無法避免的事情而停止運動的人等……真的是各式各樣都有。但是其中最可惜的是，不相信健身教練，透過網路或健身書上做著不適合自己的運動，導致受傷等情況最令我覺得遺憾。

　　如同前面我敘述過的例子，每個人都有適合和不適合自己的運動，甚至運動也要考量依目前體態該做的運動，而且當瘦身到下個階段時又該換另一個運動來做。不考慮這些就胡亂一通的運動，幸運一點是「沒有效果」，但大部分反而會產生運動傷害，例如最具代表性的運動－深蹲（Squat）、弓步伸展（Lunge）、徒手硬舉（Dead Lift）等，若做不好的話，很容易使身體受傷。

　　除此之外，你是不是也有朋友說吃了什麼食譜就減肥成功，於是也盲目地照著那個食譜來吃的經驗呢？每個人的身體狀況都是不一樣的，你會因為朋友吃了醫院開的處方藥讓病情好轉了，而也去醫院要求吃同一種藥嗎？意思是一樣的。

即便是雙胞胎，身體狀況也是不同的，因此千萬不要盲從去追求網路流傳的瘦身食譜，一定要徹底了解自己的身體，才會知道攝取哪些食物對自身有益。

瘦身食譜也需要因人而異

減肥期間該吃什麼？每個人必須吃的食物、必須攝取的營養素、分量，全都是不盡相同的。但是網路上也充斥著許多「運動食譜介紹」，這些大部分都是「概括性的食譜介紹」，例如網路上氾濫的低卡路里食譜，雖然上面都是很健康的菜色，但卻有可能對某些人來說是增胖食譜，對有些人來說卻是減肥食譜。

為什麼會這樣呢？讓我們來更深入了解一下吧！你有聽過「能量消耗」這個詞嗎？這是養分進入到身體裡，讓它消化所需要的熱發生能量。簡單來說，食物進入到體內被分解排出的過程中，藉由各項器官活躍的作用，進而產生卡路里的消耗，也就是說攝取的卡路里中，有一部分會轉為能量被使用。舉例來說，今天攝取碳水化合物100 kcal，它並不會全部被吸收，其中約有6～9%左右會轉成消化能量被使用。

不僅只有碳水化合物，每個人吸收養分進入體內後，能消耗的卡路里都不盡相同，越不好被消化的養分，就會使能量消耗增加。因此養分會依據每個人的消化能力有所差異，所以當下怎樣的健身食譜適合我？現在我的身體狀態要攝取多少的食物？都是因人而異的，這點請大家一定要謹記在心。

蛋白質可不是治百病的萬靈丹

我在行動個人訓練程式裡有運動食譜的諮詢服務，發現每位來諮詢的人，對於運動瘦身時該吃什麼都有極端的想法。很多人都減少了碳水化合物攝取，卻無止盡地攝取蛋白質，甚至一窩蜂照著網路上流傳的減肥菜單來攝取，這都是非常危險的行為。

許多人擬定減肥菜單時，都認為要吃許多蛋白質，不知何時大家心裡都認為「健康的菜單＝多攝取蛋白質」。提到「蛋白質」這三個字，大家腦中就會聯想到「健康的飲食、雞胸肉、蛋白、不會發胖的減肥菜單」等等。

　　想減肥的人，飲食上大部分會減少碳水化合物的攝取，並增加脂肪和蛋白質的攝取。在這裡就很容易讓大家誤解，認為「脂肪是不好的」，所以減少脂肪的攝取後，就以為要多補充蛋白質，讓蛋白質成為一天所需要的營養。

　　蛋白質對我們的身體很重要沒錯，因為蛋白質不會在我們的體內合成，所以需要靠食物來攝取，身體會分解蛋白質製造胺基酸，接著再組成適合我們身體的蛋白質。蛋白質為手指甲或腳趾甲、頭髮、皮膚、肌肉、骨骼和血液的主要構成分，不僅如此，賀爾蒙、酵素、抗生素等也都是由蛋白質所組成的。

　　雖然它是我們人體必需的養分，但是在減肥期間若攝取太多的蛋白質是不好的，因為蛋白質消化的過程會產生氨（俗稱的阿摩尼亞），若給予腎臟和肝過多的氨時，就很有可能引發毒血症。葛比爾．柯森斯博士在《Conscious Eating》一書中提到，攝取過量的蛋白質，會造成維他命B6、維他命B3不足，而且蛋白質還會將我們人體中、鈣、鐵、鋅、鎂（人體中所需的礦物質）排出。

營養學領域的權威者——格雷厄姆道格拉斯博士（Dr. Douglas Graham）也曾提到「所有的健康問題，都和蛋白質攝取過多有關聯」。不僅是毒血症，便祕和消化障礙、自體免疫性疾病、關節炎，還有提早老化、肝功能障礙、腎臟病、骨質疏鬆症⋯⋯等等，非常多的疾病都是攝取過量蛋白質所造成。

　　所以瘦身期間，蛋白質只要適量攝取即可，運動時也要多增加水分的攝取，才能讓水分轉成尿素，將不好的物質快速從身體排出體外。

運動×控制飲食，減肥瘦身的不二法門！

減重除了運動&量測體重之外，還要搭配飲食來控管，雙管齊下才會達到瘦身目的！想知道吃了多少進去肚子裡，推薦搭配一台輕巧的廚房秤輔助唷！

oserio歐瑟若／數位廚房秤 KBP-202W
這台廚房秤連1g都量的出來，強化玻璃的秤面設計，耐用好清洗。
★商品介紹：https://goo.gl/AJbddd

獨特專利
無線傳輸旗艦機

無線星光智慧體脂計 FTG-315

ITO 全平面貼合設計
專利量測動態燈示

體重　ＢＭＩ　體脂肪　內臟脂肪　體年齡　肌肉率　無線傳輸

o'care健康管理APP

免費下載，天天量測，資料儲存無上限

衛署醫器製字第005430號・中市衛器廣字第10510240號

【讀者專屬回饋】

活動至106/10/31止
至官網輸入折扣代碼搶優惠

活動頁面

減脂運動組
無線體脂計+活動量計

代碼：B_FTG315

減重美顏組
30天記憶體重計+面膜10片

代碼：B_BRG215

居家料理 廚房秤

代碼：B_KBP202

PART **3**

你專屬的24小時
健身教練，量身打造
適合的瘦身方式

找出適合自己的運動方式，
運動才會有效果！

　　我的行動個人訓練程式裡，會藉由60多種問題和深度對話，徹底地列出每個人專屬的運動。雖然書裡無法這麼鉅細靡遺的將每個人身體類型都列出來，但底下我會列出6種代表類型，這些是我擔任健身教練期間看過最多的類型，我將這6種依據體型、運動目標、天生的體質來做分類，只要你找出自己是適合哪一種類型，再做對應的動作，一定會對你有所幫助。

安教練的體質診斷教室

請針對下面6種類型的問題，回答後並寫下分數，出現最高分的那項就是自己的類型，接下來你只要做適合那類型的運動及所規定的運動次數，就能對打造出好身材有很大的幫助。

萬一有兩種以上的類型同分，那你就根據自己所訂下的運動目標，先選出一種類型照做就可以了。

類型1 體質虛弱型

編號	內容	回答	
		YES	NO
1	就算早睡身體還是很沉重，起床大多感到疲憊。		
2	感冒至少要一個月才會好，且小病纏身需常去醫院。		
3	比平時多走一點路或是多做一點運動就會很疲倦，沒辦法做其他事。		
4	周末一定在家休息，很少外出，因為外出的話就覺得很累。		
5	下班後總覺得很疲累，連脫衣服洗澡都覺得累。		
6	一定要搭電梯，就算走到2樓也覺得累，還是搭電梯好。		
7	終於放了連假，但是也只想要在家休息，根本不會想去旅行。		
8	去太遠的地方就會累，約會地點盡可能在家附近。		
9	坐下後就不想起來，就算坐博愛座也不想起來。		
10	在坐著或是躺著的狀態下，突然站起來會頭暈。		
11	只要晚上有加班，隔天起床睜開眼就覺得非常累。		
12	準備過馬路了，雖然稍微跑快一點就能通過，但就算遲到也會等到下個綠燈再過。		
13	雖然知道自己體力很差，但總覺得運動太辛苦而沒有想動的念頭。		
勾選YES，則該項即獲得1分，加總後就是該類型的總分。		總分	

類型2 盲目減肥型

編號	內容	回答	
		YES	NO
1	曾經照著網路上的減肥菜單吃。		
2	擔心做重量訓練肌肉會變大，所以絕對不做。		
3	坐著的時間太多，經常有一定要運動的想法。		
4	即便肚子不餓，在吃東西的時候也會一次吃很多。		
5	曾經嘗試過排毒減肥法。		
6	與其要辛苦地運動，倒不如節食減肥還來的簡單點。		
7	有過幾次減肥成功的案例，但馬上又產生體重溜溜球現象，所以又必須要減肥。		
8	很認真地在減肥，但卻比別人減得要慢。		
9	花了好幾個月減肥，但只過了幾周就出現體重溜溜球效應。		
10	出生以來從沒去過健身房。		
11	以流質性食物來當作代餐。		
12	經常購買網路上火紅的減肥產品來吃。		
13	以減肥為目標，一天不吃超過3餐。		
勾選YES，則該項即獲得1分，加總後就是該類型的總分。		總分	

類型3 想擁有美國隊長身材的瘦弱男

編號	內容	回答 YES	回答 NO
1	看到電視或電影裡「身材好的」男藝人，就會極度羨慕。		
2	照鏡子時偶爾會想像自己變成肌肉男的樣子。		
3	為了要鍛練出肌肉，曾上網搜尋「重量訓練」等關鍵字。		
4	看到很瘦的人會一直盯著看，但也不想要別人那樣看待自己。		
5	為了鍛鍊肌肉，曾吃過蛋白粉來增加體重。		
6	別人是為了要瘦身減重，你卻是為了要增加肌肉量而刻意暴飲暴食。		
7	不喜愛展露出肋骨和瘦弱的前臂，會避開澡堂或是游泳池必須脫衣等場所。		
8	曾試過運動或刻意吃胖，但體重還是無法增加，也練不出壯碩身材。		
9	自己曾有過「任誰在他們眼裡都覺得我看起來很可憐」的心情。		
10	經常聽到別人問你「吃過飯了嗎？」或是「怎麼好像又變得更瘦了」的問題。		
11	女生們都很羨慕你的腿。		
12	即便穿的是女版尺寸的衣服也很合身。		
13	在買褲子的時候，總出現褲圍合適但長度太短、長度合適褲圍卻不合的狀況。		
勾選YES，則該項即獲得1分，加總後就是該類型的總分。		總分	

類型4 下半身發達型

編號	內容	回答	
		YES	NO
1	曾聽朋友説過「你的鞋子好可憐」這種話。		
2	雖然想要穿緊身褲，卻擔心腳會血液循環不良而打消念頭。		
3	假如穿著褲子坐下又站起來的話，很擔心褲子會撐破。		
4	大腿內側經常摩擦。		
5	下樓梯的時候膝蓋會痛。		
6	曾買過許多瘦腿的東西。		
7	就算好好走路，也感覺搖搖晃晃的。		
8	路過的人每次看到我的大腿，表情好像看到什麼不該看的一樣。		
9	褲子無法在網路上購買，一定要試穿過才能知道大腿圍合不合適。		
10	為了讓腿看起來細一點，經常只穿黑色內搭褲。		
11	睡起來小腿有浮腫的感覺。		
12	好不容易買到大腿可以穿下的褲子，但卻必須修改腰圍才能穿。		
13	搭捷運時就算雙腳併攏坐著，旁邊的人還是會撞到我的大腿。		
勾選YES，則該項即獲得1分，加總後就是該類型的總分。		總分	

類型5 上半身發達型

編號	內容	回答	
		YES	NO
1	無法買貼身的緊身衣穿。		
2	朋友都說我的腿很瘦，和上半身不成比例。		
3	因為肚子太大了，彎腰穿襪子都覺得累。		
4	坐在椅子上剪腳指甲很辛苦。		
5	看著鏡子裡的自己，總是為那凸出來的腰間肉煩惱。		
6	夏天不敢穿無袖上衣，因為手臂的掰掰肉會晃動，覺得很丟臉。		
7	要脫衣服洗澡的時候，肉從內衣肩帶擠了出來。		
8	早上起床照鏡子時，臉總是浮腫。		
9	曾有人看到我的手指說「你的手指有點浮腫」，但實際上並不是浮腫，而是一直都這樣。		
10	躺著要往前起身時有點困難，必須身體往旁邊轉身起來。		
11	平常坐著的時間很多，肩膀和背部總是僵硬，且有偏頭痛。		
12	就算只趴著一下下，也感到胸悶、喘不過氣來。		
13	曾有過購買適合腰圍尺寸的褲子，卻需要修改腿圍才能穿。		
勾選YES，則該項即獲得1分，加總後就是該類型的總分。		總分	

類型6 ▶ 隱性肌肉型

編號	內容	回答 YES	回答 NO
1	周遭的朋友都說我肌肉很多。		
2	手臂和肚子一用力的話，就會像石頭一樣變得硬硬的。		
3	可以接受每周運動3次以上、每次1小時的運動頻率。		
4	認為有肌肉的身材才好看。		
5	不喜歡做走路或跑步、騎自行車之類的有氧運動，大致上都偏好做肌力運動。		
6	很常聽到朋友說自己力氣大，但只要跑一下下就氣喘吁吁。		
7	覺得只要認真運動就好，不用刻意調整飲食。		
8	為了想要長多一點肌肉，曾有過吃的比平常還多的經驗。		
9	血壓偏高。		
10	就算持續運動，用手抓肚子還是會抓起一大塊鮪魚肚。		
11	不排斥運動，覺得只要下定決心減肥不是件難事。		
12	覺得我只要下定決心運動的話，馬上就能夠打造模特兒般的身材。		
13	看到骨瘦如柴的人覺得可憐，老實說覺得他們看起來很狼狽。		
勾選YES，則該項即獲得1分，加總後就是該類型的總分。		總分	

各體質適合的運動課表

　　透過上面的問診表，可以知道你是6種類型的哪一種，若你覺得這些類型都不適合你，就選出覺得自己身體能負荷的運動來做就好，至少這樣不會造成身體的運動傷害。

　　底下每張運動課表裡，都標示著配合該類型的運動法，並為你安排好每周6天的運動規劃，建議大家將表格影印下來，黏貼在經常看得到的地方並努力實行，各個運動在本書PART4也有搭配QR CODE影片，趕快來做運動吧！

運動課表使用方式

測驗出屬於自己的類型後，就要搭配各類型的運動課表做運動。請翻至P50搭配表格來看，舉例來說，若你測驗出來屬於「體質虛弱型」（又分為有運動經驗、無運動經驗），那建議你每週搭配表格上的運動（一、三、五及二、四、六的運動項目不同），按照順序做完需要的次數即可。

類型1 ▶ 體質虛弱型

適合的運動				
後腳踢臀 （P.98）	伏地走路 （P.116）	高腳抬膝 （P.60）	登山者 （P.96）	V字踏步 （P.58）
深蹲 （P.104）	平板撐地 （P.134）	橋式運動 （P.72）	超人式 （P.78）	跪式伏地挺身 （P.90）

運動程序A（一、三、五）

項目	運動法	無運動經驗者		有運動經驗者	
Warm up	後腳踢臀	1分鐘	做3組	2分鐘	做3組
1	深蹲	10～15次		15～20次	
2	伏地走路	5～7次		10次以上	
3	登山者	15～20次		20～30次	
4	超人式	7～10次		10～15次	
5	平板撐地	撐地30～40秒		撐地50～60秒	
進行方法		●做完暖身後，按照1～5號的順序來運動，1～5號運動為1組，共做2～4組。 ●舉例來說，無運動經驗者做暖身操「後腳踢臀」，做1分鐘為1組，共要做3組。做完後再換下個運動「深蹲」。			

運動程序B（二、四、六）

項目	運動法	無運動經驗者		有運動經驗者	
1	V字踏步	20次 （左右總和）	3組	30次 （左右總和）	4組
2	深蹲	10次	3組	20次	3組
3	高腳抬膝	20次 （左右總和）	3組	30次 （左右總和）	3組
4	跪式伏地挺身	10次	3組	20次	3組
5	橋式運動	撐起 30～40秒	3組	撐起 50～60秒以上	3組
進行方法		●1～5號各運動次數全執行後，再進行下個運動。 ●舉例來說，無運動經驗者做「V字踏步」，做20次（左右腳總和）為1組，共要做3組。做完後再換下個運動「深蹲」。			

類型2 ▶ 盲目減肥型

適合的運動				
踏步波比操 （P.112）	側面出拳 （P.74）	高腳抬膝 （P.60）	開合跳 （P.88）	V字踏步 （P.58）
深蹲 （P.104）	平板撐地 （P.134）	徒手硬舉 （P.92）	伏地走路 （P.116）	波浪式伏地 挺身（P.122）

運動程序A（一、三、五）

項目	運動法	無運動經驗者	有運動經驗者
1	高腳抬膝	20次（左右總和）	30次（左右總和）
2	深蹲	15次	20次
3	側面出拳	30次	40次
4	徒手硬舉	20次	30次
5	開合跳	20次	30次
6	波浪式伏地挺身	10次	15次
進行方法	1～6號循環進行	進行2～3組	進行3～5組

運動程序B（二、四、六）

項目	運動法	無運動經驗者	有運動經驗者
1	V字踏步	20次（左右總和）	30次（左右總和）
2	深蹲	20次	25次
3	踏步波比操	15次	20次
4	伏地走路	10次	15次
5	平板撐地	撐地30～40秒	撐地50～60秒
進行方法	1～5號循環進行	進行2～3組	進行3～5組

類型3 想擁有美國隊長身材的瘦弱男

適合的運動			
波比操 （P.70）	伏地挺身 （P.128）	仰臥捲腹 （P.94）	弓步伸展 （P.62）
深蹲 （P.104）	手肘撐地 （P.132）	平躺抬腿 （P.64）	壓肩伏地挺身 （P.76）

運動程序A（一、三、五）

項目	運動法	無運動經驗者			有運動經驗者		
1	深蹲	10次	20次	30次	40次	40次	30次
2	伏地挺身 （也可用跪式伏地挺身替代）	8次	10次	14次	20次	14次	10次
3	波比操	20次			5組		
4	平躺抬腿	20次			5組		
5	手肘撐地	1分鐘			5組		
進行 方法	●1～5號各種運動的運動次數全執行過後，再進行下一個運動。 ●每周進行每組運動的次數，需增加3～5次。 ●這個類型需要漸漸增加運動強度，因此在做深蹲、伏地挺身運動時，每做完 　一個階段的運動量，要到下個階段時，中間可休息10秒。						

運動程序B（二、四、六）

項目	運動法	無運動經驗者
1	弓步伸展	20次
2	壓肩伏地挺身	10次
3	深蹲	20次
4	伏地挺身	10次
5	仰臥捲腹	20次
進行方法	1～5號循環進行	3～5組

類型4 下半身發達型

適合的運動				
踏步波比操 （P.112）	登山者 （P.96）	蛙式趴地 （P.130）	臀部外展 （P.136）	弓步波比操 （P.100）
深蹲 （P.104）	深蹲高抬膝 （P.80）	爆發跳躍 （P.126）	弓步伸展 （P.62）	弓步深蹲 （P.106）

運動程序A（一、三、五）

項目	運動法	項目	運動法
1	深蹲高抬膝	7	弓步深蹲
2	踏步波比操	8	登山者
3	弓步深蹲	9	深蹲高抬膝
4	登山者	10	踏步波比操
5	深蹲高抬膝	11	蛙式趴地
6	踏步波比操	1～11號採中間不休息連續進行	
進行方法	無運動經驗者	有運動經驗者	
	做1組	做2～3組	

運動程序B（二、四、六）

項目	運動法	無運動經驗者		有運動經驗者	
1	弓步波比操	15次	3組	20次	3組
2	深蹲	20次	3組	30次	4組
3	爆發跳躍	15次	3組	20次	3組
4	弓步伸展	10次	3組	15次	4組
5	臀部外展	10次	3組	20次	3組
收操	按摩小腿	進行2～3分鐘			
進行方法	●1～5號按順序進行，之後按摩小腿。 ●每1組運動做完後，中間休息1分鐘再做下1組。例如弓步波比操做15次為1組，中間休息1分鐘後再做下組，共做3組。				

類型5 ▶ 上半身發達型

適合的運動				
平躺抬腿 （P.64）	仰臥捲腹 （P.94）	側面出拳 （P.74）	伏地走路 （P.116）	蜘蛛人撐地 （P.86）
側步上舉 （P.66）	波浪式伏地 挺身（P.122）	登山者 （P.96）	神力女超人 （P.120）	後腳踢臀 （P.98）

運動程序A（一、三、五）

項目	運動法	項目	運動法
1	波浪式伏地挺身	7	蜘蛛人撐地
2	側步上舉	8	登山者
3	蜘蛛人撐地	9	平躺抬腿
4	登山者	10	神力女超人
5	波浪式伏地挺身	11	後腳踢臀
6	側步上舉	1～11號採中間不休息連續進行	

進行方法	無運動經驗者	有運動經驗者
	做1組	做2～3組

運動程序B（二、四、六）

項目	運動法	無運動經驗者		有運動經驗者	
1	側面出拳	30次	3組	40次	3組
2	伏地走路	10次	3組	15次	3組
3	波浪式伏地挺身	10～15次	3組	15～20次	3組
4	仰臥捲腹	10～15次	3組	15～20次	3組
5	蜘蛛人撐地	10次	3組	15次	3組

進行 方法	●1～5號各個運動次數全部執行之後，再進行下一項運動。 ●每1組運動做完後，中間休息1分鐘再做下1組。例如側面出拳做30次為1組，中間休息1分鐘後再做下組，共做3組。

類型6 隱性肌肉型

適合的運動				
波比操 （P.70）	登山者 （P.96）	平躺抬腿 （P.64）	爆發跳躍 （P.126）	弓步波比操 （P.100）
深蹲波比操 （P.82）	改良式深蹲 （P.68）	神力女超人 （P.120）	蜘蛛人撐地 （P.86）	伏地挺身 （P.128）

運動程序A（一、三、五）

項目	運動法	運動量
1	改良式深蹲	30次
2	爆發跳躍	20次
3	伏地挺身	20～30次
4	弓步波比操	20次
5	登山者	30～40次
6	神力女超人	15次
7	平躺抬腿	20～30次
進行方法	1～7號循環進行	進行3～5組

運動程序B（二、四、六）

項目	運動法	運動量	
1	深蹲波比操	20次	3組
2	伏地挺身	15～20次	3組
3	蜘蛛人撐地	20次	5組
4	平躺抬腿	30次	5組
5	弓步波比操	50次	4組
進行方法	●1～5號各個運動次數全都執行完之後，再進行下一項運動。 ●每1組運動做完後，中間休息1分鐘再做下1組。例如深蹲波比操做20次為1組，中間休息1分鐘後再做下組，共做3組。		

PART 4

24小時健身教練獨家規劃，專屬你的33種徒手運動

01

V-Step

V字踏步

V字踏步是初階的熱身運動，雖然動作很簡單，但對強化核心肌群、大腿肌力有良好的成效，只要藉由規律性的運動，就能有非常好的燃脂效果。

適 合 類 型

體質虛弱型、盲目減肥型

1

保持立正姿勢，雙腳併攏後，前臂呈90度向上舉，肩膀和腰固定不動直視前方。

2

右腳往斜前方直直踏出，這時必須要固定骨盆，不讓肩膀和上半身晃動。腳在踏出的時候，為了減少帶給膝蓋的負荷，下半身必須保持用力，但要盡可能不發出踏步的聲響。

3

左腳向左斜前方處踏出,並和右腳平行。兩邊膝蓋一定要微彎,下半身出力才有運動效果。

膝蓋要微彎

腹部核心肌群要用力

4

右腳向後退,回到最初預備動作的位置上。這時要保持骨盆面向正前方,以避免身體轉動,而核心肌群要用力。

5

左腳向後退,回到最初的預備動作,不要讓上半身晃動。最後反覆執行所需的次數。

NOTE 24小時教練的運動訣竅

所有的踏步運動中,一定要避免上半身搖晃,運動時腹部和臀部務必出力。另外,腳在踏出去時不可發出聲音,因為發出聲音代表膝蓋承載體重勉強出力。踏出時不發出聲響,就能讓肌肉持續維持在用力的狀態,運動效果也會更好。

02

Knee Up

高腳抬膝

這個運動可以強化核心肌群，對下腹部的肌力特別有強化效果，而且高強度的有氧運動，有助於脂肪的燃燒，所以這個運動對減肥也很有幫助。

適合類型

體質虛弱型、盲目減肥型

維持呈一條線

1

雙腳打開與肩同寬站立，兩臂直直向上伸並貼緊耳朵。側面來看，手部、骨盆、後腳跟都要保持成一直線。

2

兩手向下拉至胸前的同時，將膝蓋上抬。這時膝蓋不是一直線，而是要呈現半圓形的狀態。利用腹肌的力量，讓骨盆動作回正，注意膝蓋不可歪至身體旁邊。

—— 腹部必須出力

膝蓋往上抬呈半圓形

3

膝蓋放下後，將手臂上舉，回到一開始的預備動作。另一隻腳也是相同的動作，最後反覆執行所需的次數。

NOTE 24小時教練的運動訣竅

想維持頭頂→屁股→膝蓋呈一直線的狀態，那身體和手臂就必須出力。腳往上抬的時候，腹肌的位置也要出力喔！

03
Lunge

弓步伸展

這個運動可以強化屁股的臀大肌、臀中肌的肌力，而且因為運用到下半身全部的肌肉，所以有提升肌力的效果，是下半身肥胖的人非常需要做的運動。

適合類型

想擁有美國隊長身材的瘦弱男、下半身發達型

臀中肌

1

展開胸，兩隻腳前後打開呈現一前一後的姿勢，要避免骨盆歪掉，所以兩腳一定要平衡。後腳腳跟向上提起，臀肌為用力狀態，持續保持這個狀態。用前腳腳跟來抓住重心，這時後腳直直伸展會較難以抓住重心，因此要適當地調整兩腳的距離。

臀大肌

要抬頭挺胸

2

骨盆平衡的狀態下，胸椎（背脊）要向上抬，並注意腰椎不要往前。膝蓋向下，直至後腳脛骨（小腿骨）和地面平行，前腳的大腿骨向下直至和地面平行。

視線往前看

3

慢慢地伸展後腳的膝蓋，同時身體呈垂直上移，要感受到臀肌的收縮站起來才有效果。完成所規定的次數後，前後腳交換動作，並反覆執行所需的次數。

NOTE 24小時教練的運動訣竅

假如沒把重心放在前腳的腳跟，就很容易讓膝蓋受傷。另外，為了不讓骨盆左右歪斜，做動作時一定要往前面看。

04

Leg Raise

平躺抬腿

這個運動對強化腹部和核心肌群有很大的效果，因為是藉由腰椎和骨骼肌的力量抬起下半身，所以對強化下腹部的效果非常顯著。

適合類型

想擁有美國隊長身材的瘦弱男、上半身發達型、隱性肌肉型

胸肌　　　腹肌

1

躺在地板上，眼睛看向天花板，雙手向上伸，此時會使胸肌上移，腹肌要盡量放鬆。

腰部要貼緊地面

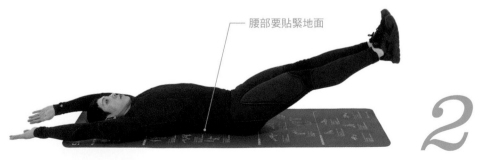

2

腹部用力，雙腳舉起呈45度，這時不可以讓腰椎離開地面。

膝蓋可以稍微彎曲

髂腰肌

3

將雙腳抬起至與地面呈直角，膝蓋可以微彎，髂腰肌（腰和大腿連接的大肌肉）才不會受力。膝蓋的角度一定要固定。

4

腹部施力的同時，慢慢地把雙腳放下來。腹部和核心肌群要不斷保持用力，且不可讓腰椎離開地面。

5

慢慢地回到最初的姿勢，並反覆執行所規定的次數。

NOTE 24小時教練的運動訣竅

要是膝蓋的角度沒固定好，那使用的力量就不是腹肌，而是髂腰肌，瘦身效果可是會大打折扣喔！另外，不可讓腰椎離開地面，否則會產生疼痛感，一定要注意。

05

Lateral Step&Pull

側步上舉

側步上舉是活化平時不常用到的背肌,具
提升肌力的效果,而且是個利用到全身的
肌力運動,所以對燃燒脂肪也很有效。

適 合 類 型

上半身發達型

1

雙腳打開比肩膀寬一點,雙
手往上舉。

腳跟抬起

2

一隻腳朝反方向伸展至後方
45度,這時前腳的膝蓋呈
微彎的狀態,後腳的腳跟抬
起。在挺胸的狀態下,兩手
向後朝著腰部的方向伸展。
注意腰部朝前不要轉動。

膝蓋要微彎

3

後腳回到原位置，兩手往上伸展，回到預備動作。

4

另一隻腳向後伸展，兩隻手向後伸展。

5

回到最初的姿勢，最後反覆執行所需的次數。

NOTE **24小時教練的運動訣竅**

兩臂和雙腳的動作要大，要盡量伸展開來，這樣運動效果才好。另外，前腳的膝蓋不可超過腳尖，以免造成傷害，這點一定要切記。

06

Modifit Squat

改良式深蹲

改良式深蹲是刺激一般深蹲難以刺激到的
臀肌和股二頭肌,具提升下半身所有肌肉
部位肌力的效果,除此之外,對強化豎脊
肌(隨著脊椎直向延伸的肌肉)的效果也
很好。

適 合 類 型

隱性肌肉型

1

雙腳與肩同寬站立,這時腳尖稍微
朝向外側呈Y字形,擴大骨盆的可動
範圍。在挺胸的狀態下,兩臂舉起
並交叉放在胸前。

要抬頭挺胸

臀肌

股二頭肌

腳呈Y字型

2

重心放在後腳跟,慢慢地坐下去
直到大腿和地面呈水平。維持挺
胸,不要讓腰椎往前推移。

3

上半身往前彎，屁股向後抬起，伸展膝蓋。讓股
二頭肌放鬆，重心維持在後腳跟，不要往兩側偏
移，要抬頭挺胸不駝背。

股二頭肌

4

在保持挺胸、重心在後腳跟的狀態
下，屁股再次坐下，呈深蹲的姿
勢。肌肉的受力狀態可以感覺到從
大腿後側的股二頭肌移轉到前側的
股二頭肌上。

5

踩在地面呈垂直起身，
回到一開始的預備姿
勢。最後反覆執行所需
的次數。

NOTE 24小時教練的運動訣竅

重心跑到前面的話，會使腰部和膝蓋產生疼痛，
所以挺胸時不可讓腰向前彎。

Burpee Test

波比操

波比操是利用全身肌肉的一種有氧運動，
對燃燒脂肪有非常顯著的效果。

適 合 類 型

想擁有美國隊長身材的瘦弱男、隱性肌肉型

1

站直，雙腳打開與骨盆同寬。

膝蓋要微彎

2

重心保持在後腳跟，上半身彎下與肩同寬按壓地
板。這時手和腳盡可能靠近，假如大腿的柔軟度比
較差，膝蓋可微微彎曲。特別要注意，重心不要往
前移，否則會造成關節負擔，引發膝蓋疼痛。

呈一直線

3

兩臂和地面呈垂直，兩腳向後直直伸展。這時兩臂撐著地面，並且兩腳向後跳伸展。所有的伏地挺身動作中，並不是肩胛骨緊貼用關節來支撐上半身，而是保持推向地板的力量，且肩胛骨需盡可能放鬆。這時頭頂和肩膀、屁股和膝蓋呈平順的一直線。

4

再次跳躍，且兩腳往前收合，盡可能與兩手靠近。腳碰觸地面時，盡量不要發出聲音落地。

5

重心保持在後腳跟，上半身慢慢地挺起。腳踩地面呈垂直站起，回到最初的預備姿勢。最後反覆執行所需的次數。

NOTE 24小時教練的運動訣竅
避免使膝蓋負擔太大，一定要抓好後腳跟的重心再進行運動。

08 *Bridge*

橋式運動

橋式運動對強化支撐腰椎的肌群效果相當好，有腰痛的人持續做這個動作，還能夠改善疼痛呢！

適 合 類 型

體質虛弱型

1

眼睛看向天花板，背貼地板躺著。膝蓋彎曲、腳底板緊貼地板，兩手張開按壓地板，手臂很自然地讓它向下朝45度角。

背部緊貼地板　　　　　　　腳底緊貼地板

提起骨盆（並非腰部），臀肌（屁股的肌肉）收
縮的同時屁股向上抬起，直到膝蓋和骨盆、肩膀
呈一直線之後，再次回到預備動作。最後反覆執
行所需的次數。

臀肌

NOTE 24小時教練的運動訣竅
若是過度抬升屁股反而會使腰痛惡化，必須特別注意。

09

Side Punching

側面出拳

側面出拳基本上是有氧運動，對降低體脂肪很有效。除此之外，它對於鍛鍊上半身、下半身大肌群的基本肌力，也有顯著的效果。

適 合 類 型

盲目減肥型、上半身發達型

雙手舉到下巴位置

1

雙腳打開與肩同寬站立，兩手輕輕地握拳，上舉到與下巴同高的位置。

2

身體往左傾斜的同時，右拳和地面呈水平延展。這時出拳的那隻手和同側的腳直直伸展，另一隻腳的大腿肌肉用力，而腹肌也要出力。

3

出拳的那隻手再次縮回到一開始的預備動作，接著另一邊也是以相同的動作來進行。最後反覆執行所需的次數。

NOTE 24小時教練的運動訣竅
一定要維持全身的肌肉用力，運動效果才會好。

壓肩伏地挺身

壓肩伏地挺身對鍛鍊肩部的三角肌肌力有非常顯著的效果，也有穩定全身核心肌群的效用。

適 合 類 型

想擁有美國隊長身材的瘦弱男

頭和身體呈一直線

三角肌

1

兩手張開比肩稍寬，支撐地面後，雙腳直直伸展趴下。和一般的伏地挺身不同，把屁股抬起後，頭和身體要呈一直線。

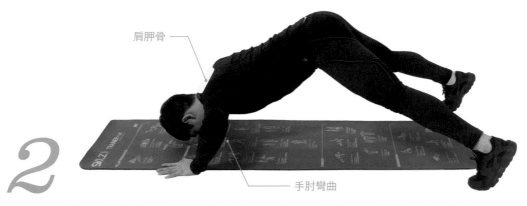

肩胛骨

手肘彎曲

2 和地面呈垂直，手肘彎曲向下直到頭快碰到地面。後頭骨到肩胛骨、脊椎的肌肉要施力，要挺胸並固定住肩胛骨。

三角肌

3 用三角肌（肩膀肌）的力量推地面的同時，回到一開始的預備姿勢。最後反覆執行所需的次數。

24小時教練的運動訣竅

頭和身體未呈直線持續上抬的話，會引發腰部疼痛，必須特別注意。

11 *Superman*

超人式

超人式能緩和肩部肌肉，有助於強化和腰痛有直接影響的臀肌與核心肌群。

適 合 類 型

體質虛弱型

1

平趴在地板上，手臂伸直朝上、腳往下延展，臉部要面向地板。

← 手臂朝上　　　　　　　　　　　　　　腳往下延展 →

手臂和腳盡可能抬起來，且要注意不能彎曲。這時視線維持在15度角方向，保持豎脊肌和臀肌受力，並稍微撐住一下。

豎脊肌　　臀肌

慢慢地回到一開始的預備姿勢。最後反覆執行所需的次數。

NOTE
24小時教練的運動訣竅
要是抬頭的話會造成頸椎的傷害，必須特別注意。

12

Squat-Knee-Up

深蹲高抬膝

深蹲高抬膝可以運用到下半身的肌群，因為是個需要動到許多關節的大關節運動，對提升下腹部的肌力、燃燒體脂肪的效果特別顯著。

適合類型

下半身發達型

腳呈Y字型

1

雙腳打開與肩同寬站立，這時腳尖向外微張呈Y字型。

要抬頭挺胸

2

在兩腳後跟抓住重心，挺胸的狀態下，慢慢地坐下直到大腿與地面呈水平。這時要避免使腰椎向前推移，必須維持挺胸的狀態。

3

維持重心不晃動，踩著地面呈垂直線，起身的同時，一邊的膝蓋跟著抬起。
想像用膝蓋去碰觸胸部並施力上抬，這時膝蓋並非是直線抬起，想像著腳「畫半圓」將骨盆轉正，且用腹部的力量上抬。

用腹部力量上抬

4

上抬的腳放下至原本的位置後，腳仍然保持Y字型，並回到深蹲的姿勢。

5

抬起另一隻腳做高抬膝的動作。最後反覆執行所需的次數。

NOTE 24小時教練的運動訣竅

挺胸時一定要避免腰部向前移動，而且膝蓋要和腳尖的方向呈一直線。另外，在做高抬膝的時候，注意膝蓋不要歪斜。

13
Squat Burpee Test

深蹲波比操

深蹲波比操是複合運動，具有提升全身肌力的效用。除此之外，因為會使用到身體90%的肌力，是燃燒體脂肪最佳的運動。

適合類型

隱性肌肉型

1

雙腳打開與肩同寬站立，這時腳尖向外微微張開呈Y字型。

腳呈Y字型

要抬頭挺胸

2

在兩腳後跟抓住重心，挺胸的狀態下，慢慢
地坐下直到大腿與地面呈水平。這時要避免
使腰椎向前推移，必須維持挺胸的狀態。

3

重心保持在後腳跟上，上半身彎曲讓手心碰
觸地板，這時雙手打開與肩同寬，盡可能靠
近雙腳，大腿緊繃的話膝蓋可稍微彎曲。若
重心向前移，會讓關節負擔太大，有可能造
成膝蓋疼痛，必須特別注意。

肩胛骨

呈一直線

4

兩臂和地面呈垂直，雙腳向後跳伸展，腳尖碰觸地面後呈伏地挺身的姿勢。保持推向地板的力量，且肩胛骨盡可能放鬆，讓頭頂和肩膀、屁股和膝蓋呈平順的一直線。

5

再次跳躍雙手收回，回到步驟3的姿勢，腳碰觸地面時腳底板要全部踩平，避免使關節負擔太大，且盡可能不發出聲響。與此同時，將重心由手移至到腳後跟。

6

重心維持在腳後跟，挺起上半身並回到步驟2的姿勢，注意腰不可彎曲、大腿一定要和地面呈水平線。接著維持下半身用力的狀態。

下半身肌肉用力

7

保持重心不晃動的同時，踩著地面呈垂直線站起，回到步驟1的預備動作後，反覆執行所需的次數。

NOTE 24小時教練的運動訣竅

重心往前傾的話會導致腰和膝蓋的疼痛，因此挺胸時腰絕對不可向前彎。

14

Spiderman Plank

蜘蛛人撐地

蜘蛛人撐地可以強化核心肌群的橫膈膜、腹橫筋膜、骨盆底的肌群、多裂肌，有穩定脊椎的效果。除此之外，對消除「腰間肉」也非常有效。

適 合 類 型

上半身發達型、隱性肌肉型

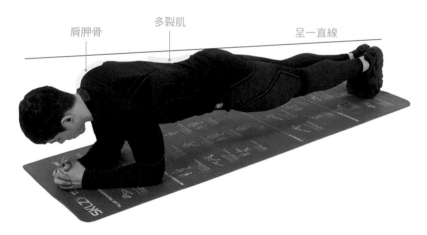

肩胛骨　　　多裂肌　　　　　　　　　　呈一直線

1

把手肘放在地板上，兩手臂和地面呈垂直趴下。保持推地板的力量，兩側肩胛骨盡量放鬆。頭頂和肩膀、屁股、膝蓋維持一直線。

腹外斜肌

2

上半身全身肌肉和腹部施力的同時，某一邊的膝蓋往身體的側邊方向上抬，使肋骨的腹外斜肌收縮。不是往前拉，是往側面舉起上抬，這點很重要。這時為了不讓骨盆晃動，必須腹部出力來進行動作。

3

慢慢地回到一開始的預備動作，一邊反覆執行所需的次數，而另一邊也反覆執行相同次數。

24小時教練的運動訣竅

要是骨盆位置晃動，屁股和腹部沒出力，會導致腰部疼痛，必須特別注意。

15

Jumping Jack

開合跳

開合跳是透過跳躍訓練使用到全身的肌群，因此對強化基本肌力很有效。除此之外，因為屬於有氧運動，對燃燒體脂肪的效果也很顯著。

適合類型

盲目減肥型

1

雙手自然插在腰間上，雙腳併攏面向前方站立。

雙腳要併攏

2

雙腳打開與肩同寬後跳起，讓腳尖呈Y字型朝外張開。這時要保持腳尖和膝蓋的方向一致，若是膝蓋向內彎會造成膝蓋的內側韌帶拉傷。跳起時腳盡量不發出聲音，保持身體和肌肉出力。

腳尖和膝蓋方向一致

腳呈Y字型張開

3

再次跳起回到最初的預備動作。最後反覆執行所需的次數。

NOTE 24小時教練的運動訣竅

在進行跳躍運動時，肌肉和腹部出力能使關節的負荷降到最低。著地的時候盡量不發出聲響，才能保護關節，必須特別留意。

16

Knee Wave Push-Up

跪式伏地挺身

跪式伏地挺身可緩和肩胛骨與胸大肌、核心肌群，是增進肱三頭肌的肌力非常有效的運動。

適 合 類 型

體質虛弱型

呈一直線

肱三頭肌

1

趴在地板上，兩手放在胸前兩側，膝蓋貼在地板，並推地面將上半身挺起。保持推地板的力量，肩胛骨盡可能放鬆，頭抬起使頭頂和肩膀呈一直線。

肩胛骨

胸大肌

2

維持肩胛骨在放鬆的狀態，同時手肘彎曲擴張胸大肌，要固定骨盆使腰部的弧形不要過度伸展。

3

身體慢慢地向下直至胸大肌和腹部、骨盆接觸至地面。

膝蓋以上往上抬升

4

手推地面上抬，膝蓋以上的身體往上抬升，同時要挺胸。若是只抬上半身的話，腰椎會負荷過大，必須特別注意。

5

抬起骨盆回到最初的預備姿勢，最後反覆執行所需的次數。

NOTE
24小時教練的運動訣竅
一定要屁股和全身出力，運動效果才會加倍，注意腰部不要過度伸展，而肩胛骨要一直保持放鬆的狀態。

17

Dead Lift

徒手硬舉

硬舉是強化平時不常使用，或是較退化的
部位，例如肌肉和屁股、豎脊肌等，它對
強化核心肌群也是非常有效的運動。

適 合 類 型

盲目減肥型

抬頭挺胸站好 ————

1

腳尖朝前，讓雙腳呈11字樣，保持重心在腳後跟
並挺胸站立，視線朝上前方15度角，面向正面。

重心放腳後跟 ————

豎脊肌

骨盆向後推的同時，維持背部整體肌肉的緊縮並彎曲上半身。在挺胸的狀態下，腰椎不可朝兩側彎曲，若重心不穩會往前倒或向後傾。

利用背部整體的力量向上舉，回到一開始的預備姿勢，這時動作要慢慢地才有效果。最後反覆執行所需的次數。

24小時教練的運動訣竅

整個動作重心都要放在後腳跟，倘若腰往前彎曲會導致腰部疼痛，因此要隨時保持在挺胸的狀態。

18

Lying Sit-Up

仰臥捲腹

仰臥捲腹對強化全身的肌群很有成效,是個能利用全身的肌肉來訓練核心肌耐力的運動。

適 合 類 型

想擁有美國隊長身材的瘦弱男、上半身發達型

腹部要用力

1 手臂朝上、雙腳朝下伸展,面向天花板躺在地板上。這時腰部不可距離地板太遠,並要維持腹部用力。

向前捲起

2 頭往前縮,頸椎向前捲起。

雙腳不離開地面

3

手臂朝雙腳方向伸展，利用腹部的力量捲起胸椎，這時雙腳不可離開地面。

4

利用腹部的力量將上半身完全抬起，腹部不可放鬆，必須維持在施力的狀態。

5

將脊椎完全向前捲，收小腹的同時，兩手直直伸展碰觸到雙腳。最後反覆執行所需的次數。

NOTE 24小時教練的運動訣竅

一定要有捲起上半身的感覺，假如沒有的話，上半身直挺挺地抬起會導致腰部疼痛，必須特別注意。

19

Mountain Climber

登山者

登山者是強化核心肌群的運動，對強化下腹部肌耐力特別有效果。除此之外，藉由高強度的有氧訓練，有助於燃燒體脂肪，所以對於減肥也有很好的成效。

適 合 類 型

體質虛弱型、上半身發達型、下半身發達型、隱性肌肉型

1

趴下，並讓雙臂和地面呈垂直，這時要維持頭頂、屁股、膝蓋盡量呈一直線。假如身體和手臂沒出力而用關節來支撐的話，兩側的肩胛骨會變成夾緊的狀態，同時屁股也會掉下來。需透過雙臂推地板的力量來支撐上半身，身體才不會負擔過大，這樣的話運動效果也會加倍。

腹部要出力

2

保持雙臂推地板的力量，兩側肩胛骨盡可能放鬆，而且腹肌也要出力，膝蓋朝胸部
上抬。腹肌有收縮的感覺，才會讓運動效果更好。

3

再次回到步驟1的預備動作，手臂繼續保持對地板施力，兩側肩胛骨一定要盡量放
鬆，並注意頭不要往前縮。接下來進行雙腳輪替的動作，並反覆執行所需的次數。

NOTE 24小時教練的運動訣竅

想要保持頭頂→屁股→膝蓋呈一直線的狀況，身體和手臂出力是關鍵。另外，腳上抬
的時候，一定要保持腹肌在用力的狀態，這點千萬不要忘了！

20

Butt Kicker

後腳踢臀

後腳踢臀是透過大腿兩邊的股二頭肌運動，不僅能促進新陳代謝，還有助於體脂肪燃燒。

適合類型

體質虛弱型、上半身發達型

1

雙腳打開一個拳頭的間隔站立。

2

膝蓋向後彎曲輕跳，這時膝蓋不可超過身體，進行時一定要感覺到運用股二頭肌將腳舉起。感受到股二頭肌的用力和放鬆的同時，另一邊也是相同動作。最後反覆執行所需的次數。

股二頭肌

24小時教練的運動訣竅

NOTE

做錯的話會引起膝蓋疼痛，另外要特別注意腳跳下接觸地板時，不要發出聲音。

21

Burpee Split

弓步波比操

弓步波比操是利用全身肌力來動作，對燃燒體脂肪很有效果，還有助於強化核心肌群。

適合類型

下半身發達型、隱性肌肉型

要抬頭挺胸

1

雙腳打開與骨盆同寬，並看向正面站立。

→ 雙腳打開與骨盆同寬

2

將重心放在後腳跟，上半身彎曲用手碰觸地板。
這時雙手張開與肩同寬，盡量靠近雙腳處擺放，
假如大腿太緊繃，膝蓋可微微彎曲。另外，若重
心向前移的話會造成關節負荷太重，這樣反而會
造成膝蓋疼痛，必須特別注意。

3

兩手與地面呈垂直，向後跳起兩腿向後伸展。維
持推地板的力量，兩側肩胛骨盡量放鬆。

肩胛骨

Burpee Split

4

雙腳跳起向前收合，腳跳回並碰觸地面的時候，腳底板要全部碰觸到地板上，必須盡量不發出聲音，才不會對關節造成負擔。

跳回地面時腳不發出聲音

5

將重心放在後腳跟，上半身慢慢地挺起站穩。

6

跳的同時，伸出一邊的腳呈彎曲狀。腳跳起
著地的時候，盡可能不發出聲音。

7

再次跳起時，兩腳位置對調。最後反
覆執行所需的次數。

NOTE **24小時教練的運動訣竅**
後腳跟的重心一定要穩住，才能避免膝蓋負荷太大。

22

Squat

深蹲

深蹲可以運動到下半身全體肌群，藉由大
關節運動鍛鍊身體各部位肌群，是對瘦身
很有成效的運動。

適合類型

體質虛弱型、盲目減肥型、想擁有美國隊長身
材的瘦弱男、下半身發達型

1

雙腳打開與肩同寬站立，腳尖微微向外張開呈Y字
型，擴大骨盆的可動範圍。

向外打開呈Y字型

要抬頭挺胸

重心放腳後跟

2

重心放置後腳跟，在挺胸的狀態下慢慢坐下，直至大腿與地面呈水平線。腰椎不要往前移，保持在挺胸的狀態下進行。

3

保持重心不要晃動，腳踩地面且呈垂直起身，回到一開始的預備姿勢後，反覆執行所需的次數。

NOTE

24小時教練的運動訣竅

一定要保持挺胸且腰不要往前彎，身體才不會負擔過大，而膝蓋從頭到尾必須保持與腳尖同方向。

23

Squat Lunge

弓步深蹲

弓步深蹲是同時進行深蹲和弓步的動作，可強化下半身肌耐力，對提升下肢全體肌力非常有效果。除此之外，因為一直不斷使用到下半身的肌力，因此燃燒體脂肪的效果非常好！

適 合 類 型

下半身發達型

1

雙腳打開與肩同寬站立，腳尖朝外張開呈Y字形，可擴大骨盆可動的範圍。

向外打開呈Y字型

2

將重心放在後腳跟，在挺胸的狀態下慢慢坐下，直至大腿與地面呈水平線。注意腰椎不要往前傾，要一直維持挺胸狀態。

—— 要抬頭挺胸

3

注意重心不要搖晃，利用下半身的力量踩住地面後，垂直起身。

4

一隻腳向後移,挺胸且兩腳呈前後分開成一前一後的姿勢。骨盆不要移位,保持腳的平衡,要避免重心移位,可以調整一下腳的寬度距離。接下來後腳腳跟抬起,維持臀肌用力狀態,前腳腳跟抓住重心。

臀肌

5

在骨盆平衡的狀態下,胸椎挺起,並注意腰椎不要往前。後腳膝蓋呈垂直向下,前腳的大腿要慢慢地蹲下直至與地面保持水平。

6

後腳膝蓋慢慢伸展的同時，身體呈垂直上升站起，這時要感受到臀肌的收縮才有效果。

臀肌

7

後腳往前移動，回到一開始的預備姿勢。

8

另一隻腳向後伸，並維持挺胸姿勢，兩腳要呈前後分開，一前一後的姿勢。需注意的技巧可參考步驟4。

9

前腳大腿要慢慢地蹲下，直至與地面保持水平，後腳的膝蓋則往下降。需注意的技巧可參考步驟5。

10

之後膝蓋慢慢伸展的同時，身體呈垂直上升
站起。需注意的技巧可參考步驟6。

11

再次回到一開始的預備姿勢後，反覆執行所
需的次數。

NOTE
24小時教練的運動訣竅
進行深蹲時，雙腳請保持微張Y字形的姿勢，重心都要放在後腳跟。

24
Step Burpee Test

踏步波比操

踏步波比操是利用全身的肌肉所做的有氧肌力訓練，是對減少體脂肪非常有效的運動，而且對強化基礎體力、基本肌力也很有效。

適 合 類 型

盲目減肥型、下半身發達型

→ 視線朝前

要抬頭挺胸

1

雙腳張開與骨盆同寬，視線朝向正面站立。

2

將重心放在後腳跟，上半身彎曲用手碰觸地板。雙手張開與肩同寬，並盡量靠近雙腳處。若是大腿太緊繃，膝蓋可微微彎曲。這邊要特別注意，倘若重心向前傾，會造成關節負擔太大，因而引起膝蓋疼痛，必須特別留意。

肩胛骨

3

一隻腳向後伸，手臂盡量和地面呈垂直。保持推地板的力量，兩側肩胛骨盡量放鬆。

4

另一隻腳向後伸,兩手一定要保持和地面呈垂直。

5

腳底要平貼地板

原先伸出去的腳再往前收回平踩地板,盡可能收回時要靠近手的位置,腳跟不要旋轉,腳底板要整個平貼地板支撐。

腳底要平貼地板

6

另一隻腳也是在收回時，盡可能靠近手的位置，腳底板要整個平貼地板。假如大腿太緊繃的話，膝蓋可微微彎曲。

7

維持重心的同時抬起上半身，回到一開始的預備姿勢後，反覆執行所需的次數。

NOTE ## 24小時教練的運動訣竅

重心要放在腳後跟，倘若重心壓在前腳板上，會導致膝蓋受傷，必須特別注意。

25

Arm Walking

伏地走路

伏地走路是利用全身肌力的有氧運動，對燃燒體脂肪有很好的效果，而且對核心肌群的強化和提升上半身的基本肌力也非常有效。

適合類型

體質虛弱型、盲目減肥型、上半身發達型

1

雙腳張開與肩同寬，視線朝正前方站立。

2

將重心放在腳後跟，上半身彎曲雙手碰觸地板。手張開與肩同寬，盡可能放在接近雙腳的位置。倘若大腿太過緊繃，膝蓋可微微彎曲。另外要注意，若重心向前傾的話會造成關節負荷太大，會造成膝蓋疼痛，必須特別注意。

臀肌　　　　　挺胸不駝背

肩胛骨

3

腹部和臀肌出力，不可讓骨盆和上半身
晃動。一隻手往前踏時， 肩胛骨不要往
背後突起，一定要出力朝外張開。

肩胛骨

4

另一隻手伸出，要比步驟3的手更往前一點，變成「用手走路」的動
作。這時候的肩胛骨也不要往後突起，朝外張開出力。

肩胛骨

5

取得兩手平衡後，和地面呈垂直趴下。保持推地板的
力量，兩側肩胛骨盡量放鬆。

6

原先向前伸出的手再次拉回，讓腳
邊碰觸地板，這時身體和骨盆不要
晃動，持續出力以維持緊繃感。

7

另一隻手再次往裡面收回。

重心放腳後跟

8

再次回到步驟2，使兩手和雙腳盡量靠近，
這個時候重心也要放在腳後跟。大腿太過
緊繃的話，膝蓋可微微彎曲。

9

抬起上半身回到一開始的預備動作。最後
反覆執行所需的次數。

NOTE 24小時教練的運動訣竅

上半身和骨盆不能晃動才會有最佳的效果，而用兩手走路的時候盡量不要發出聲音，
這樣才能預防手腕和肩膀關節受到傷害。

26

Wonder Woman

神力女超人

神力女超人是有助於肩胛骨穩定、緩和圓肩跟頸椎的運動，還能強化平時不常被使用的背肌和臀大肌、股二頭肌，訓練肌力的效果顯著。

適合類型

上半身發達型、隱性肌肉型

1

手朝上、腳朝下直直伸展，平趴在地板上。連視線也是面向地板。

臀大肌

背肌

股二頭肌

豎脊肌

腹部平貼地板

2

視線保持在15度角方向，僅有腹部碰到地板，腳和手往上抬升。這時必須注意手臂和腳不能彎曲。手和腳從地板上抬升時，維持豎脊肌和臀肌的緊繃感，且上抬時要稍微停留一下。

3

在維持豎脊肌和臀肌緊繃感的狀態下，將手肘拉到身體兩旁，使肩胛骨周圍的肌群用力。

肩胛骨

肩胛骨

4

雙手再次往前拉伸，使肩胛骨盡量放鬆。

5

手臂和腳慢慢地放下，回到一開始的預備姿勢。最後反覆執行所需的次數。

NOTE ▌24小時教練的運動訣竅

手臂的方向要和身體呈一直線，且須保持平衡。如果頭部過度抬起則會造成頸椎受傷，必須特別注意。

27

Wave Push-Up

波浪式伏地挺身

波浪式伏地挺身具有強化胸大肌和穩定肩胛骨的效果,而且對核心肌群的強化也很顯著。

適 合 類 型

盲目減肥型、想擁有美國隊長身材的瘦弱男(能以伏地挺身代替)、上半身發達型

1

完全平貼於地板上,兩手置於胸前約一個手掌張開的間隔,碰觸地板後,推地板抬起上半身。兩手和地面為垂直,呈伏地挺身姿勢。這時請繼續保持推地板的力量,兩側肩胛骨盡量放鬆,頭頂和肩膀、後腳跟要保持一直線。

肩胛骨

呈一直線

胸大肌

2

腹部出力用膝蓋碰觸地板。

腹部要用力

3

使大腿和骨盆、腹部貼於地面，推地板時要盡可能維持肩胛骨放鬆的狀態。
要注意別讓腰部過度伸展。

肩胛骨

胸大肌

4 步驟3彎曲手肘會伸展胸大肌,而這個步驟則是要讓上半身向下,使胸大肌、腹部、骨盆碰到地板,胸大肌用力的狀態慢慢地下去。

胸大肌

5 推地面抬升時,讓腹部貼在地面的狀態下,起身的同時胸大肌要用力。

呈一直線

6 在膝蓋碰地的狀態下起身，膝蓋和屁股、頭頂要在一直線上。

7 提起膝蓋回到一開始的預備姿勢。最後反覆執行所需的次數。

NOTE 24小時教練的運動訣竅

步驟1～7的動作都要盡量緩慢進行才有效果，而且身體一定要保持出力的狀態來進行，否則會對腰部造成負擔，必須特別注意。

28

Power Skip

爆發跳躍

爆發跳躍是跳躍運動中的一種，對降低體脂肪有明顯的效果，而且對鍛鍊下肢的肌力也非常有成效。

適合類型

下半身發達型、隱性肌肉型

1

挺胸且兩腳前後分開，呈一前一後的姿勢站立。雙腳平衡不讓骨盆移位，與向後伸出的腳同邊的手肘自然彎曲，拳頭則上移至臉的高度，而另一隻手臂自然垂下。

2

後腳往前抬升，膝蓋抬到胸部位置的同時，在原地輕跳。與往前抬升的腳同邊的手臂向後伸，另一隻手臂則90度彎曲，大大地向上舉起。

3

將抬起的腳放下來踩地站好。

4

抬升另一邊的膝蓋，請參考步驟2注意事項，並且維持姿勢。

5

將抬起的腳放下，再回到一開始的預備姿勢，最後反覆執行所需次數。

NOTE **24小時教練的運動訣竅**
膝蓋提起後要放下時，若太大力會讓關節受傷，必須要輕輕地放下。

29 *Push-Up*

伏地挺身

伏地挺身是基礎運動中的一種，對發展胸大肌的肌力非常有效，而且還能有效鍛鍊核心肌群，能穩定上肢並有助於肌肉發展。

適 合 類 型

想擁有美國隊長身材的瘦弱男、隱性肌肉型

呈一直線

1

雙臂和地面呈垂直趴在地板上，這時假如沒出力會變成用關節支撐上半身，就沒有運動效果，還會對關節造成負擔。用關節支撐時，兩側肩胛骨會相連在一起，為了防止這樣的情形，兩側的肩胛骨要盡量放鬆，並維持推地板的力量。頭頂和肩膀、屁股、後腳跟，則要呈一直線。

胸大肌

2

保持頭頂和肩膀、屁股、後腳跟一直線的同時，彎曲手肘時胸大肌放鬆，全身要慢慢地直線向下，直至胸部碰到地板。

胸大肌

3

胸大肌出力，用手推地板回到一開始的預備動作。最後反覆執行所需的次數。

24小時教練的運動訣竅
腹部和屁股要出力，才不會使腰部過度伸展。

30 _Frog_

蛙式趴地

蛙式趴地對大腿內轉肌（大腿內側）和股
關節的伸展，有非常絕佳的運動效果喔！

適 合 類 型

下半身發達型

屁股向後推

1

在雙腳和雙手碰觸地板的狀態下，膝蓋張開與肩同寬，並且坐下。接著屁股向後推移，使
大腿內側的內轉肌骨關節慢慢地放鬆。

屁股向前推

視線朝下

屁股往前推，直至手臂和地面呈垂直。上半身向前移動，視線朝下。

屁股慢慢地向後推，回到一開始的預備姿勢。最後反覆執行所需的次數。

NOTE 24小時教練的運動訣竅

動作要是太快的話，會導致大腿內側的內轉肌和韌帶、股關節受傷，所以做動作時一定要慢慢的。

31
Plank

手肘撐地

手肘撐地能強化核心肌群的橫隔膜、腹橫膜筋、骨盤底肌群、多裂肌，是個對穩定脊椎很有成效的運動。

適 合 類 型

想擁有美國隊長身材的瘦弱男

1

手肘下方肌肉出力

肩膀與手肘和地面呈垂直，用手肘接觸地板呈趴姿。在此狀態，手肘下方的肌肉在地板上支撐，兩拳頭向內縮，呈三角形。

呈一直線

2

將膝蓋抬起，直至肩膀和屁股、後腳跟呈一直線。在這姿勢下，屁股和腹部都要出力支撐，撐地的秒數請參照自己測驗出來的瘦身課表。

3

慢慢地向下，直到膝蓋和骨盆、下腹部再次碰觸到地板。最後反覆執行所需的次數。

24小時教練的運動訣竅

NOTE

倘若屁股和腹部沒出力，會導致腰部產生疼痛喔！

32
Hands Plank

平板撐地

平板撐地具有強化核心肌群的效果，還能
穩定肩胛骨、穩定脊椎線、強化肌群等多
重好處喔！

適 合 類 型

體質虛弱型、盲目減肥型

肩胛骨

要抬頭挺胸

1

完全平趴在地板的狀態下，兩手置於胸旁約一個手掌張開間隔的位置。接著下腹部緊貼地板，並將胸部和頭抬起，這時要保持推地板的力量，兩側肩胛骨盡量張開。

臀大肌

腹肌

2

將屁股上抬，使頭頂和肩膀、屁股、後腳跟呈一直線，此時臀大肌和腹肌要用力，並讓動作停留一會兒（停留的時間請參照自己測驗出來的瘦身課表）。

3

慢慢地將屁股放下，直至大腿碰觸到地板後，回到一開始的預備姿勢。最後反覆執行需要的次數。

NOTE 24小時教練的運動訣竅

倘若骨盆向後推移的太快，就會產生腰部疼痛。做動作時要注意，肩胛骨不可縮向內側。

33

Hip Opner

臀部外展

臀部外展是擴大股關節的可動範圍，有防止運動傷害的效果，除此之外對臀大肌的伸展效果也非常好喔！

適 合 類 型

下半身發達型

膝蓋打開比肩膀寬

1

肩膀到手肘和地面呈垂直，而膝蓋張開比肩膀再寬一些，於大腿內側的內轉肌可動範圍下，維持這個姿勢。要用手肘下方部位來支撐地面，而手掌輕輕握拳向臉內側靠近。

2

膝蓋在固定的狀態下，腳尖朝身體方向收合，並把腳往上抬，伸展股關節和臀大肌。

3

腳回到一開始的預備姿勢，另一隻腳也是相同的動作。最後反覆執行所需的次數。

NOTE **24小時教練的運動訣竅**

必須在自身的肌肉和關節的可動範圍內動作才行，要是太逞強會造成肌肉和關節受傷。另外，若是動作進行太快，還有可能導致韌帶拉傷，必須特別注意。

Q&A

安教練來解答！瘦身疑問大破解

Q 聽說如果在發育期做重量訓練，會長不高？這是真的嗎？

A 其實在發育期做適度強度的重量訓練是好的，長高的原理是供應養分到骨骼，才能慢慢地增高，而做運動可使生長激素分泌的更加完善，所以讓骨骼能吸收到更多的養分。除此之外，運動還能刺激生長，有助於骨骼的發展，所以適度的運動可幫助成長。

Q 聽說做完重量訓練馬上去洗冷水澡，會刺激肌肉使肌肉變得更大，這是真的嗎？

A 這是錯誤的觀念。洗冷水澡會使肌肉僵硬，讓其恢復速度反而更加緩慢，還有可能產生副作用，洗澡時建議使用不會太熱、不會太冷的溫水是最好的。

Q 運動完的隔天肌肉很酸，「鐵腿鐵手」的感覺非常強烈，是要忍住繼續運動嗎？還是等到那痠痛感消失後再開始運動呢？

A 運動後的肌肉痠痛，是從那部位集中運動所發出肯定的信號，不過在鐵腿或鐵手的狀態下，馬上進行激烈的運動會造成傷害，所以運動前記得要充分地熱身、伸展過後再開始運動。這樣的肌肉痠痛感，會在你持續進行運動的同時，一點一點地減輕，只要配合這樣的步調，漸漸增強運動強度，繼續持續運動，就能看到非常好的成效。

Q 聽說想減肥就必須要做有氧運動，那麼一定要跑步或是
跳繩嗎？

A 「有氧運動」字面上的定義是「使身體的脂肪氧化，對體重調節具有效
果的運動」。一般來說，持續一段時間實行有氧運動，會將脂肪轉化成能
源、分解體脂肪，具有減重效果，所以對減肥來說是必須的。但是不見得一
定要跑步或是跳繩，快走、打網球、打羽球、全身踏步運動、游泳……等都
屬有氧運動。根據自己喜愛的方式，選擇適合自己的運動，有強度地持續進
行才是關鍵。

Q 聽說想要瘦大腿，做下半身運動的話會產生肌肉，反而
讓腳變得更粗了，真的會那樣嗎？

A 這是錯誤的觀念。運動時所運動到的部位會充血，產生所謂的「幫浦現
象」，很多人看到後就覺得腿變粗了，其實這只是一時的現象，因為過了一
天，就會慢慢地消退。建議運動第一天可以拿量尺，先確認自己的腿圍後，
運動個一個月、二個月再記錄下來，看看自己腿圍的變化才準確。

Q 經常聽到在運動的時候呼吸很重要，舉例來說，在舉啞鈴
的時候，舉起和放下什麼時候要吸氣、什麼時候要吐氣？

A 運動時呼吸是非常重要的，只要記得：在肌肉用力的當下吐氣、放鬆的
當下吸氣就可以了。簡單來說，在用力的時候吐氣、放鬆的時候吸氣，這樣
是不是更清楚呢？以舉啞鈴為例，啞鈴在上舉的時候因為肌肉用力，所以要
吐氣；啞鈴放下的時候肌肉是放鬆的，所以吸氣。

肌肉用力的當下為什麼要吐氣？因為吐氣會增加「腹壓」，所以能夠穩定姿
勢。不過在一開始運動的時候，連掌握正確的姿勢都不容易了，還要注意到
呼吸調節就更困難了。所以初學者在運動的時候，比起注意呼吸，建議先熟
悉正確的姿勢、如何使用肌肉比較重要。

Q 我是個想擁有大肌肉的男生，想要練肌肉的話，吃蛋白質補充劑好嗎？

A 在做重量訓練時，需要比平常攝取更多蛋白質，所以蛋白質補充劑的攝取是有幫助的。但是建議先以天然食物的蛋白質來優先攝取，不足的部分再攝取蛋白質補充劑，而且若沒有高強度的運動搭配，僅是攝取蛋白質的話，反而有變胖的可能性。

Q 聽說運動要在清晨早起時做，效果是最好的，真的是那樣嗎？還是在什麼時間做運動特別有效果呢？

A 運動並不需要特別規定某個時間，因為每個人的每周活動時間皆不同，只需在自身最能集中運動的時間就可以了。但重點是要持續地做，盡可能在同一個時間運動。

Q 減肥遇到了停滯期，要改變運動方法和飲食菜單嗎？還是要照原來的繼續做呢？

A 在減肥時因為到了停滯期，而認為減肥失敗了，這樣就有可能會造成壓力。建議這時找個能給予新刺激的運動，或許對脫離停滯期是個好方法。

Q 減肥成功後為了避免體重的溜溜球現象，是要維持當時的運動量和種類嗎？

A 維持運動量的同時，讓運動種類變多樣化也會更有效果。身體在持續進行相同強度的運動下，是會適應的，也正因如此，要使運動量和種類多樣的變化，才能避免體重溜溜球現象。除此之外，飲食的調節也是非常重要的，減肥成功之後，要是沒慎選飲食或運動項目，產生體重溜溜現象或是嚴重腹胖的情況是非常多的。所以就算減肥成功後，也要選擇適當的飲食方法，才是真正的減肥成功。

Q 聽說多喝水或茶，對減肥很有幫助，是真的嗎？假如真的是這樣，那哪一種茶比較好呢？還有什麼時候喝、要喝多少好呢？

A 沒有錯。我們的身體有70%是水，所以水分的攝取是相當重要的。水分不足就會引發嚴重的健康問題，經常喝水能活化新陳代謝，自然消耗熱量。除此之外，因為水沒有卡路里，所以多喝也不會有產生脂肪的憂慮，對降低體脂肪和代謝廢物都是很有效的。

但是要特別注意，假如是喝含有咖啡因的茶，會產生利尿並將水分排出，因此建議要喝茶的話，選擇沒有咖啡因的牛蒡茶、麥茶、玉蜀黍茶會比較好。

Q 聽說節食運動並不好，那麼要在運動前吃東西好呢？還是在運動後吃好呢？

A 在開始運動的前1～2個小時，攝取吸收較慢的多醣類碳水化合物、蛋白質食物，能夠在運動途中維持血糖指數。運動後則建議攝取吸收較快的多醣類碳水化合物，因為必須補充在運動中所消耗的肝醣。除此之外，在運動30分後攝取高蛋白食品，有助於肌肉的組成和恢復。

Q 聽說打造好身材要吃雞胸肉，所以目前都在吃雞胸肉，但有點吃膩了，而且肉好澀吃到下巴都痛了……有什麼輕鬆又美味的吃法嗎？

A 雞胸肉的好處是每公克的蛋白質含量高、脂肪含量低，就算攝取相同的量，相對來説所攝取的脂肪也較少。最近有很多雞胸肉加工的食品，好吃且也很方便食用，不過像高蛋白質、低脂肪含量的食物不僅只有雞胸肉，所以沒有非得一定要吃雞胸肉。像是牛或豬的上腰肉、板腱肉、菲力、里脊、雞蛋、鮪魚、鮭魚、白肉、蛋白質補充劑……等，都是可活用的。

Orange Life 12

適合各體質
的33組徒手運動
1天只要11分鐘，成功瘦身39公斤

作者：安振必

出版發行

橙實文化有限公司 CHENG SHI Publishing Co., Ltd
客服專線／（03）3811-618

作者	安振必	
總編輯	于筱芬	CAROL YU, Editor-in-Chief
副總編輯	謝穎昇	EASON HSIEH, Deputy Editor-in-Chief

美術編輯	張哲榮
封面設計	張哲榮
製版／印刷／裝訂	皇甫彩藝印刷股份有限公司

編輯中心

桃園市大園區領航北路四段382-5號2F
2F., No.382-5, Sec. 4, Linghang N. Rd., Dayuan Dist.,
Taoyuan City 337, Taiwan (R.O.C.)
TEL／（886）3-3811-618 FAX／（886）3-3811-620
Mail：Orangestylish@gmail.com
粉絲團https://www.facebook.com/OrangeStylish/

全球總經銷

聯合發行股份有限公司
ADD／新北市新店區寶橋路235巷弄6弄6號2樓
TEL／（886）2-2917-8022 FAX／（886）2-2915-8614
出版日期 2020年6月

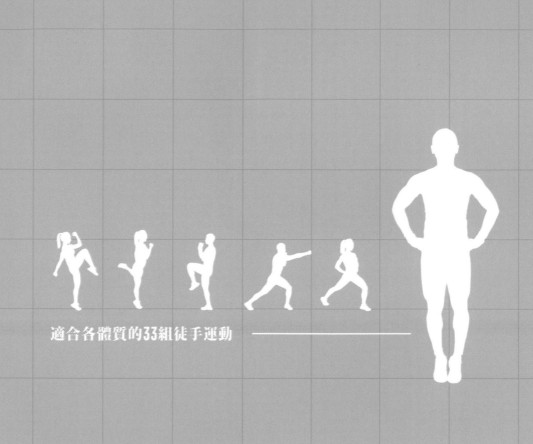

適合各體質的33組徒手運動 ——————————————

適合各體質的33組徒手運動 ——————